Paris
1848

Clément, Ambroise

Des Nouvelles Idées de réforme industrielle et en particulier du projet d'organisation du travail de M. Louis

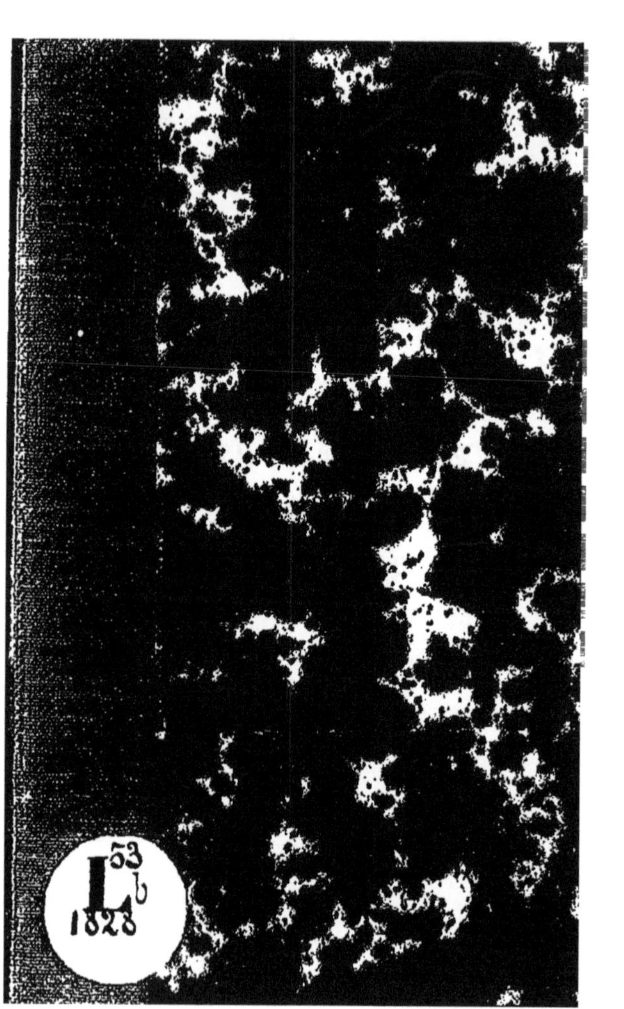

DES NOUVELLES IDÉES

DE

RÉFORME INDUSTRIELLE

ET EN PARTICULIER

DU PROJET D'ORGANISATION DU TRAVAIL

DE M. LOUIS BLANC,

PAR M. A. CLÉMENT.

PARIS

LIBRAIRIE DE GUILLAUMIN ET Cᵉ, ÉDITEURS,

RUE RICHELIEU, 14.

1848

Imprimerie de Hennuyer et Cⁱᵉ, rue Lemercier, 24.
Batignolles.

DES NOUVELLES IDÉES

DE

RÉFORME INDUSTRIELLE

ET EN PARTICULIER

DU PROJET D'ORGANISATION DU TRAVAIL
DE M. LOUIS BLANC [1].

Nous nous sentons pénétré, au début de
cet examen, d'un profond sentiment religieux :
la grandeur inouïe des événements qui s'ac-
complissent en Europe ; l'incertitude terrible
de l'avenir qui nous est réservé, au milieu de
l'incohérence des opinions, en présence de
la sombre et périlleuse folie de quelques ten-
dances en ce moment dominantes, tout nous
dit que nous touchons à l'une de ces époques
suprêmes où se fixent les destinées des nations ; où, selon les influences qui prévalent,
elles peuvent être lancées dans une ère nou-
velle de grandeur et de prospérité, ou dans
une voie de décadence et de ruine. C'est à
de pareils moments que, sous le poids de
l'anxiété produite par l'imperfection des pré-
visions humaines, on sent le besoin de s'éle-
ver vers l'Intelligence suprême, pour y puiser

[1] Voir, *Séance de la Commission du gouvernement pour
les travailleurs*, du 20 mars 1848

une confiance que la croyance en l'immutabilité de ses desseins peut seule inspirer.

La main de Dieu dirige tout : elle a poussé, depuis dix siècles, les peuples de l'Europe dans une voie de liberté et de progrès, et il est permis d'espérer que ce n'est pas au moment où ils viennent de renverser les principaux obstacles qui s'opposaient encore à leur complet affranchissement, qu'elle voudrait les faire rétrograder.

N'est-ce pas cette pensée, vivement enracinée, de l'action providentielle, et les sentiments de courageuse confiance qu'elle donne aux hommes de bien, qui ont fait, jusqu'à ce jour, l'une des principales forces de l'Union américaine ? Ne serait-ce pas pour l'avoir trop oubliée que nous avons manqué, en France, de l'énergique volonté nécessaire pour combattre les mauvaises passions et les doctrines insensées, pour fonder et conserver de bonnes institutions ?

Si les hommes éclairés et sincèrement dévoués à l'amélioration du sort de leurs semblables s'inspirent de cette idée vraie, que Dieu est avec eux ; s'ils s'unissent et se rassurent ; s'ils élèvent leur courage à la hauteur du péril, les erreurs subversives qui ont alarmé et troublé le pays se dissiperont devant leurs efforts.

Mais il faut qu'ils agissent ; la raison a encore des chances d'être entendue, et il y aurait lâcheté à laisser le champ libre à la démence. *Aidons-nous, le Ciel nous aidera.*

Jamais cette rectitude de jugement que l'on appelle *le bon sens*, ne nous avait été aussi nécessaire qu'aujourd'hui ; jamais nous n'avons eu tant besoin de nous tenir en garde contre les écarts de *l'imagination* et du *sentiment*, deux sources d'illusions, deux mobiles aveugles qui, pour notre malheur, ont toujours eu beaucoup trop d'empire sur nos déterminations. La plupart de nos écrivains politiques, exclusivement préoccupés de leur lutte contre le pouvoir, n'ont nullement préparé les esprits à une saine entente des affaires publiques ; il suffisait à leur objet d'exalter notre imagination, nos passions, notre amour-propre, et ils ont laissé la masse de la population dans l'ignorance la plus complète des vrais principes qui doivent présider à l'organisation, à la gestion de l'ensemble des services publics.

Il est désormais impérieusement nécessaire de changer de tactique ; de revenir à l'étude des choses positives, de délaisser complétement les systèmes imaginaires, de ne donner à personne des espérances irréalisables, et de dire la vérité à toutes les classes de la société, sans en flatter aucune. C'est là une mission difficile en temps d'agitations ; mais le salut commun est à ce prix, et tous les citoyens animés de l'amour du bien public doivent user, dans ce sens, de la part d'influence qui peut leur être départie.

Le principal danger de la situation nous paraît être dans les idées de *socialisme*, de *réglementation arbitraire des travaux et des salaires*, que l'on a si imprudemment propagées parmi cette portion nombreuse de la population qui vit de salaires quotidiens. Des études antérieures sur ces questions nous ont profondément convaincu que toute tentative pour établir, par la violence ou par l'intervention de l'Etat, de semblables régimes, n'aurait d'autre résultat que de plonger la population, et les ouvriers surtout, dans une misère profonde et sans remède.

Parmi les hommes que les derniers événements ont portés au pouvoir, il en est plusieurs doués, à un haut degré, d'imagination, de talent et de courage, mais déplorablement infatués des idées les plus fausses, des doctrines les plus désastreuses, en matière d'industrie et de gouvernement. L'influence de ces doctrines a arraché au gouvernement provisoire, dès les premiers jours de son action, des déclarations sur l'organisation arbitraire du travail qui, plus que la révolution elle-même, ont contribué à troubler la confiance , à suspendre le

crédit, à arrêter la plupart des travaux manu-
facturiers. Malgré d'aussi funestes conséquences, M. Louis Blanc, l'un des hommes que nous
désignons, a eu le triste courage de persister
dans cette misérable voie, et, le 20 mars der-
nier, il a présenté, avec l'autorité qui s'attache
à sa position, un projet d'organisation du travail par l'Etat, qui, s'il devait se réaliser, aurait
pour effet certain, avant que six mois se fussent
écoulés, d'amener la nation française à implo-
rer, comme une amélioration à son sort, *l'application du régime de la Russie.*

Nous croyons devoir reproduire en entier
l'exposé de ce singulier projet.

« Le mal présent est très-grand, dit M. Louis Blanc, la
nécessité du remède en sera mieux sentie.

« Les entrepreneurs disent : « C'en est fait ! ce n'est pas
« seulement une monarchie, c'est une société qui s'en va. »

« D'autre part, beaucoup d'ouvriers ne veulent plus subir les anciennes conditions du travail.

« Voici ce que nous proposons : Aux entrepreneurs qui,
se trouvant aujourd'hui dans des conditions désastreuses,
viennent à nous et nous disent : « Que l'État prenne nos
« établissements et se substitue à nous. » Nous répondrons :
« L'État y consent. Vous serez largement indemnisés;
« mais cette indemnité qui vous est due ne pouvant être
« prise sur les ressources du présent, lesquelles seraient in-
« suffisantes, sera demandée aux ressources de l'avenir :
« l'État vous souscrira des obligations portant intérêt, hy-
« pothéquées sur la valeur même des établissements cédés,
« et remboursables par annuités ou par amortissement. »

« L'affaire réglée ainsi avec les propriétaires d'usines,
l'État dirait aux ouvriers : « Vous allez travailler désor-
« mais dans ces usines comme des frères associés. Pour la
« fixation de vos salaires, il y a à choisir entre deux sy-
« stèmes : ou des salaires égaux, ou des salaires inégaux;
« nous serions partisans, nous, de l'égalité, parce que

« l'égalité est un principe d'ordre qui exclut les jalousies
« et les haines. . . . .
« . . . . »

« Du reste, que l'un ou l'autre système l'emporte dans la
distribution des salaires, une fois ce point réglé, vient la
question de l'emploi des bénéfices du travail commun.

« Après le prélèvement du prix des salaires, de l'intérêt
du capital, des frais d'entretien et de matériel, le bénéfice
serait ainsi réparti :

« Un quart pour l'amortissement du capital appartenant
au propriétaire avec lequel l'État aurait traité.

« Un quart pour l'établissement d'un fonds de secours,
destiné aux vieillards, aux malades, aux blessés, etc.

« Un quart à partager entre les travailleurs à titre de
bénéfice, comme il sera indiqué plus tard.

« Un quart, enfin, pour la formation d'un fonds de réserve, dont la destination sera indiquée plus bas.

« Ainsi serait constituée l'association dans un atelier.

« Resterait à étendre l'association *entre tous les ateliers
d'une même industrie*, afin de les rendre solidaires l'un
de l'autre.

« Deux conditions y suffiraient :

« D'abord, *on* déterminerait le prix de revient, on fixe-
rait, eu égard à la situation du monde industriel, le
chiffre du bénéfice licite au-dessus du prix de revient, de
manière à arriver à un prix uniforme, et à empêcher toute
concurrence entre les ateliers d'une même industrie.

Ensuite *on* établirait dans tous les ateliers de la même
industrie un salaire, non pas égal, mais proportionnel, les
conditions de la vie matérielle n'étant pas identiques sur
tous les points de la France.

« La solidarité ainsi établie entre tous les ateliers d'une
même industrie, il y aurait enfin à réaliser la souveraine
condition de l'ordre, celle qui devra rendre à jamais les
haines, les guerres, les révolutions impossibles; *il y aurait à fonder la solidarité entre toutes les industries diverses, entre tous les membres de la société.*

« Deux conditions, pour cela, sont indispensables : faire
la somme totale des bénéfices de chaque industrie, et cette
somme totale, la partager entre tous les travailleurs.

« Ensuite, des divers fonds de réserve, dont nous par-
lions tout à l'heure, former un fonds de mutuelle assi-
stance entre toutes les industries, de telle sorte que
celle qui, une année, se trouverait en souffrance, fût se-
courue par celles qui auraient prospéré. Un grand capital
serait ainsi formé, lequel n'appartiendrait, en particulier,

à personne, mais appartiendrait à tous collectivement.

« La répartition de ce capital de la société entière serait confiée à un *Conseil d'administration placé au sommet de tous les ateliers.* Dans ses mains seraient réunies *les rênes de toutes les industries,* comme dans la main d'un *ingénieur nommé par l'État,* serait remise la direction de chaque industrie particulière.

« L'État arriverait à la résolution de ce plan par des mesures successives. Il ne s'agit de violenter personne : l'État donnerait son modèle; à côté vivraient les associations privées, le système économique actuel. Celui des deux systèmes qui absorbera l'autre sera évidemment le plus fort, le plus moral, le plus utile à la société. Mais telle est la force d'élasticité que nous croyons au nôtre, qu'en peu de temps, *c'est notre plus ferme croyance,* il se serait étendu à toute la société, attirant dans son sein les systèmes rivaux par l'irrésistible attrait de sa puissance. Ce serait la pierre jetée dans l'eau et traçant des cercles qui naissent l'un de l'autre, en s'agrandissant toujours. Il y aurait, dès l'abord, un avantage immense pour les entrepreneurs particuliers, à se ranger tout de suite du côté de notre système, car ils échapperaient, par là, aux chances de la lutte.

« Tel est, rapidement esquissé, le projet que nous soumettons à la discussion. »

M. Louis Blanc a appuyé sa proposition des salaires égaux dans chaque atelier de cette considération :

« L'élection devant seule désigner, parmi les travailleurs associés, les directeurs des travaux, l'égalité du salaire prévient les candidatures que susciterait la convoitise dans le système d'inégalité. »

A l'objection tirée de ce que l'égalité ne tient pas compte des aptitudes diverses, il répond :

« Que si les aptitudes peuvent régler la hiérarchie des fonctions, elles ne sont pas appelées à déterminer des différences dans la rétribution. La supériorité d'intelligence ne constitue pas plus un droit que la supériorité musculaire, elle ne crée qu'un devoir : *Il doit plus celui qui peut davantage, voilà son privilège.* »

1.

Si l'on objecte encore que l'égalité tue l'émulation, M. Louis Blanc répond :

« Rien de plus vrai dans tout système où chacun ne stipule que pour soi, où les travailleurs ne sont que juxtaposés, n'agissent qu'à un point de vue purement individuel, et n'ont aucune raison d'établir entre eux ce que j'appellerai le point d'honneur du travail. Mais qui ne sent que parmi des travailleurs associés la paresse aurait bien vite le cachet d'infamie qui, parmi les soldats réunis, s'attache à la lâcheté ? Qu'on plante dans chaque atelier un poteau avec cette inscription : *Dans une association de frères qui travaillent, tout paresseux est un voleur.*

Mais, a-t-on demandé, les consommateurs ne sont-ils pas rançonnés ? M. Louis Blanc répond :

« Le prix de revient étant réglé, ainsi que le bénéfice, la garantie du consommateur sera le tarif. Ce ne sera plus la concurrence qui fixera les prix, ce sera *la prévoyance de l'État*; nous remplaçons le gouvernement du *hasard* par celui de la *science.* La concurrence, qu'est-ce autre chose qu'une interminable série de chutes, *qu'un entassement quotidien de ruines, qu'un champ clos où s'usent d'une manière incessante, au milieu d'un gaspillage universel et aveugle, toutes les forces vives de l'industrie?* »

Et le commerce, que deviendra-t-il ?

« La société étant composée d'une association de producteurs, le marchand ne serait plus qu'un agent associé à la production, ayant le même intérêt que le producteur, *et ne pèserait plus, comme aujourd'hui, sur le producteur et sur le consommateur à la fois.* »

Voilà donc, enfin, dans ses bases principales, cette fameuse formule de l'organisation du travail, si longtemps cherchée, si souvent annoncée comme devant fournir les moyens d'affranchir l'espèce humaine des maux qui pèsent encore sur elle.

Assurément, rien d'aussi faux, rien d'aussi prétentieusement inepte et insensé n'était éclos

depuis longtemps dans une cervelle humaine;
mais, au lieu de discuter de point en point
cet amas d'absurdités, et pour mieux éclairer
les périlleux écueils que de jeunes enthou-
siastes, aveuglés par l'orgueil et l'esprit de
secte, nous montrent comme la route du bon-
heur, nous rappellerons d'abord que les conditions essentielles attachées par Dieu même
à la vie des sociétés ne sauraient se modifier
au gré de quelques imaginations en délire;
que la prospérité ou la décadence des nations
sont inévitablement liées à l'observation ou à
l'infraction de certaines lois naturelles; que
l'existence de ces lois, leur nécessité et l'inef-
ficacité radicale de tout système qui voudrait
les repousser, sont complétement démontrées
aux yeux de tous ceux qui les ont sérieusement
recherchées dans l'histoire des générations
antérieures, et dans l'observation des régimes
si variés sous lesquels vivent encore aujour-
d'hui les populations répandues sur les diverses parties du globe; que ces lois ont été souvent décrites par les hommes les plus émi-
nents en savoir et en mérite, et qu'il n'est
pas pardonnable de les ignorer quand on veut
prendre le rôle de réformateur. Nous ferons
voir ensuite, par un exposé rapide de ces lois
que les attaques passionnées dirigées par nos
modernes socialistes contre la liberté des

travaux et des transactions, contre le morcellement des entreprises et la concurrence, n'ont leur source que dans l'ignorance la plus singulière, mais la mieux avérée, des faits les plus visibles et les plus universels.

Dieu paraît avoir voulu donner à l'homme l'empire de la terre, mais à une condition sans laquelle l'espèce humaine, d'ailleurs réduite en nombre à moins du millième de ce qu'elle est aujourd'hui, se distinguerait à peine par sa manière de vivre et par le degré de son intelligence, de certaines espèces d'animaux. Cette condition est le travail, l'industrie, en d'autres termes, l'application incessante des forces intellectuelles et corporelles de l'homme à la modification des objets naturels qui peuvent être appropriés à ses besoins.

Tous les animaux que l'homme ne s'est pas appropriés, doués de besoins peu nombreux et invariables, ne peuvent développer leur race que dans les limites des productions spontanées que la nature offre à ces besoins. L'homme, au contraire, a reçu la faculté d'étendre, de diversifier à l'infini, et ses besoins et les moyens d'y pourvoir ; la Providence l'a en quelque sorte associé à son action, en le rendant capable de modifier LA MATIÈRE, les animaux, les végétaux, les corps non organisés, de manière à les rendre propres à son usage, à en tirer des services qu'ils n'auraient pu fournir à l'état naturel.

C'est aux développements successifs de cette faculté que les sociétés civilisées doivent cette abondance de richesses, de moyens de production qui en France, par exemple, peuvent suffire à la subsistance et à la satisfaction des besoins très-développés, très-variés, d'une population de plus *de douze cents personnes*, sur un espace de terrain qui offrirait à peine *à un seul individu* les moyens les plus grossiers d'apaiser sa faim, si ce terrain eût été abandonné aux productions directes de la nature[1].

Le travail est donc l'unique fondement de l'existence des sociétés modernes, et cela, à tel point, que si tout travail humain venait à cesser pendant un mois seulement, les approvisionnements existants ne les empêcheraient pas de subir d'affreuses privations, et que si cette inaction absolue se prolongeait pendant un an, elles disparaîtraient à peu près complétement de la face de la terre.

On ne saurait trop insister sur cette vérité que, parmi toutes les calamités, tous les fléaux

[1] La plupart des voyageurs qui ont observé les peuplades de chasseurs existant, de nos jours encore, dans diverses contrées, évaluent à plus d'une lieue carrée d'étendue le terrain nécessaire à la subsistance de chacun des individus voués à ce genre de vie.

dont l'histoire a pu conserver le souvenir, il n'en est pas dont les désastres pussent être comparables, en grandeur, à ce qu'entraînerait une suspension générale des travaux humains.

Maintenant, quelles sont les institutions, quels sont les arrangements sociaux qui peuvent le mieux nous préserver de cet épouvantable fléau, qui peuvent le mieux assurer la continuation de tous les travaux utiles, leur perfectionnement progressif, et la satisfaction de plus en plus complète de tous nos besoins?

Il n'est permis de juger en semblable matière qu'en s'appuyant sur l'expérience; or, il résulte de l'ensemble des renseignements fournis par les historiens et par les voyageurs, que de tous les régimes sociaux actuels ou passés, ceux qui ont le mieux assuré l'activité et le développement des travaux, le perfectionnement physique, intellectuel et moral des individus, en un mot, la prospérité des peuples, sont ceux qui se sont tenus le plus près des conditions suivantes :

1° Liberté individuelle aussi étendue que possible, c'est-à-dire, restreinte ou réprimée, aux points seulement où elle vient empiéter sur la liberté d'autrui et diminuer ainsi la *somme totale* des libertés sociales.

Cette liberté comprend celle des associations, parmi lesquelles, celle de la famille, composée du père, de la mère et des enfants, est la plus naturelle, la plus forte et la plus utile ; elle comprend encore la liberté des travaux et des transactions, c'est-à-dire la faculté laissée à chacun de choisir librement le genre de travaux auxquels sa position et sa convenance le portent à se livrer, de débattre et arrêter librement le prix de ses services et de ses produits, ou d'échanger les uns et les autres ainsi qu'il le juge convenable, sans autre obligation que de laisser à autrui la même liberté.

2° Garantie certaine et inviolable de toutes les propriétés légitimes, acquises directement par le travail libre et par l'épargne, ou reçues à titre d'héritage, de don, de la part de ceux qui les ont créées par les mêmes moyens.

3° Institutions gouvernementales, judiciaires, administratives, aussi simples et aussi économiques que possible, et, néanmoins, propres à garantir complétement l'indépendance nationale, la sécurité des personnes, les propriétés et la liberté individuelle.

4° Egalité absolue des droits pour toutes les classes de citoyens, devant la justice et l'autorité gouvernementale ou administrative.

Telles sont les conditions principales auxquelles paraît avoir été lié jusqu'ici le sort des populations ; celles qui les ont le mieux observées sont les plus prospères et les plus per-

fectionnées sous tous les rapports essentiels ;
celles qui les ont le moins respectées sont les
plus misérables et les plus abjectes. Si quelques peuples anciens ont pu obtenir passagè-
rement un certain degré de prospérité matérielle en s'écartant de ces conditions, en fon-
dant leur existence sur la guerre et la rapine, ce
n'a été qu'en faisant le malheur des populations
asservies ; de semblables moyens de succès
seraient d'ailleurs impraticables aujourd'hui.

La vérité des assertions qui précèdent est
établie pour tous ceux qui ont fait une étude
sérieuse de l'histoire et des renseignements
obtenus sur les différents peuples actuelle-
ment existants ; ils savent que le degré de civilisation et de prospérité de chaque nation
se trouve exactement proportionné à l'observation plus ou moins complète des conditions
que nous venons d'exposer. Quant à ceux qui
n'ont pu se livrer à d'aussi laborieuses recherches, et nous concevons que le nombre en
est grand, nous nous bornerons à les renvoyer
à la lecture de quelques ouvrages, où les élé-
ments et les résultats de cette investigation
de l'ensemble des sociétés humaines se trou-
vent exposés avec vérité et clarté[1].

[1] *Traité de législation*, de Charles Comte ; *Traité de la
propriété*, du même auteur : *De la liberté du travail*, par
M. Dunoyer. Voir aussi, pour les témoignages des voyageurs, l'*Essai sur la population*, de Malthus.

Ainsi, l'expérience de tous les temps et de tous les peuples prouve que les sociétés sont d'autant plus prospères et plus perfectionnées qu'elles garantissent mieux la liberté des travaux et des transactions, les propriétés légitimes, l'égalité des droits, et qu'elles fondent ces garanties sur des institutions plus simples et plus économiques. Il n'est donc pas permis de penser que des conditions différentes, ou contraires, pussent produire des résultats avantageux.

Au surplus, les enseignements de l'expérience ne font, ici, que confirmer ce que le raisonnement ne peut manquer de faire reconnaître : il suffit de posséder les notions les plus communes sur la nature de l'homme et des choses, pour se convaincre que les conditions que nous venons d'assigner sont, en effet, des plus favorables au perfectionnement de la vie humaine sous tous les rapports.

Puisque les objets nécessaires à nos besoins ne peuvent être obtenus que par l'action que nous exerçons sur la matière, par nos travaux, notre industrie, il est facile de reconnaître que le seul mode de distribution, convenable et juste des produits ainsi obtenus, le seul qui permette de tirer tout le parti possible de la diversité de nos aptitudes, consiste simplement à laisser à chacun la jouissance, la libre dispo-

sition, en un mot, la *propriété* des objets ré-
sultant de ses travaux particuliers, ou, ce qui
revient au même, de leur valeur échangeable.
Ce mode est le seul qui permette de tirer de
l'ensemble de nos forces productives tous les
biens, tous les avantages que leur emploi peut
nous procurer; toute perturbation apportée dans
cette distribution naturelle des produits, soit
par la violence, soit par la fraude, diminuerait
l'importance ou le degré de certitude des jouis-
sances qui sont le but de nos efforts, et il en
résulterait, bien évidemment, une réduction
dans l'activité et dans la puissance de nos facultés industrielles.

Pour que la propriété puisse s'accumuler,
former des richesses, des capitaux, qui ren-
dent plus faciles de nouvelles productions, le
travail ne suffit pas, car ses résultats pourraient être consommés improductivement à
mesure de création; il faut y joindre l'épargne,
et l'unique moyen de la déterminer, est de
laisser à chacun, non-seulement la jouissance
personnelle, mais la libre disposition de ce
qu'il a produit, et surtout la faculté de le
transmettre aux personnes qui lui sont chères,
à sa famille, à ses enfants. Sans cette condition, les stimulants du travail seraient infiniment moins énergiques; chacun serait excité
à consommer pendant sa vie tout ce qu'il au-

rait pu créer ; les générations se succéderaient sans que l'une transmît à l'autre aucune réserve, aucune richesse, et les sociétés resteraient misérables.

A la vérité, cette faculté de transmission des propriétés amène, avec le temps, de nombreuses inégalités dans la position, dans la fortune des familles; mais ces inégalités, lorsqu'elles ne dépassent pas certaines limites, qu'il serait d'ailleurs possible, et, peut-être, convenable de leur imposer, sont, sous beaucoup de rapports, une circonstance heureuse et favorable au bien-être général. Elles entretiennent dans toutes les familles une active émulation, chacune s'efforçant d'arriver à la position qui est immédiatement supérieure à celle qu'elle occupe; et, avec un régime de liberté bien ordonné, cette émulation ne peut que tourner à l'avantage général, puisque nul ne peut améliorer sa position qu'en raison du degré d'importance des services qu'il rend à tous les autres. Sous un semblable régime, l'inégalité des fortunes ne peut provenir, sauf de rares exceptions, que de l'inégalité du mérite des familles; celles qui, pendant deux ou plusieurs générations, auront apporté dans toute leur conduite une activité bien dirigée, de l'intelligence, de la prévoyance, de l'économie, sont récompensées par l'aisance qu'elles obtiennent ainsi ; celles qui suivent une conduite opposée, et dont les membres s'abandonnent à la paresse, à l'imprévoyance, aux diverses habitudes vicieuses, sont justement punies par la misère, et il importe qu'elles ne puissent s'en relever qu'à force de se bien conduire ; il est utile, indispensable, qu'il en soit ainsi, et le régime social qui, pour maintenir l'égalité, empêcherait les bonnes et les mauvaises habitudes de produire, pour ceux qui s'y livrent, leurs résultats naturels, serait le plus détestable de tous les régimes. Remarquons, enfin, que lorsque l'inégalité des fortunes a pu arriver au point de dispenser un certain nombre de familles de l'obligation des travaux matériels, celles-ci ne restent pas, pour cela, généralement inactives ; la plupart appliquent leurs facultés à la satisfaction de nos besoins intellectuels et moraux et contribuent ainsi très-puissamment au bien-être de tous ; par la littérature et les arts d'imagination, elles ajoutent des consolations et des charmes à la vie humaine ; par les voyages, par les recherches scientifiques, elles agrandissent tous les jours le cercle de nos connaissances, elles nous apprennent à perfectionner l'usage de nos facultés, et nous fournissent incessamment de nouveaux moyens d'augmenter notre puissance sur la matière. et ordre si important de travaux serait-il conciliable avec l'égalité absolue des fortunes?

La plus légère réflexion suffit pour convaincre que toutes les acquisitions si admirables, si merveilleuses de la civilisation, acquisitions qui, à bon droit, étonnent l'esprit lorsqu'il se reporte au point de départ, à la vie sauvage, ont pour commune origine le travail et l'épargne. Richesses matérielles, sciences, arts et population disparaîtraient rapidement si ces deux sources de tout bien venaient à être altérées. L'objet le plus important de tout régime social bien entendu est donc d'assurer leur conservation et de favoriser leur progrès; or, le moyen le plus sûr d'atteindre ce but, le seul qu'ait consacré l'expérience, consiste à garantir soigneusement de toute atteinte les propriétés légitimes et la faculté d'en disposer librement.

La liberté des travaux et des transactions n'est qu'une conséquence du droit de propriété, ou plutôt, elle fait partie intégrante de ce droit; les aptitudes naturelles ou acquises, les facultés industrielles spéciales possédées par chaque individu, forment assurément l'une des propriétés les plus incontestables, et ce serait méconnaître cette propriété que d'apporter le moindre obstacle à ses applications, dès qu'elles ne violent ni la liberté, ni la propriété d'autrui. Tout obstacle apporté à la faculté de céder, d'engager, d'échanger les services et les produits, serait également une atteinte à la propriété. Quant à la liberté des associations industrielles, elle ne paraît exiger de restriction que dans un seul cas, c'est celui où des associations auraient pour but, et pourraient avoir pour résultat l'établissement de monopoles, l'accaparement d'une ou plusieurs branches de productions, l'interdiction ou une trop grande réduction de la concurrence.

Ceux qui n'ont pas approfondi la nature et les conséquences de ce régime de liberté, voyant les travaux subdivisés à l'infini, une multitude innombrable d'entreprises indépendantes les unes des autres et agissant sans apparence de concert, se figurent que l'industrie est livrée au hasard, et qu'en l'absence d'une direction centrale, embrassant l'ensemble des travaux, il est impossible d'assurer la satisfaction des besoins généraux. C'est là une erreur commune à tous les socialistes : ils ne voient pas que la liberté crée une organisation naturelle des travaux infiniment plus savante, plus active, plus économique, mieux appropriée à la diversité des aptitudes et à chaque classe de besoins, que ne pourraient l'être toutes les organisations arbitraires. Cependant, les résultats bien connus de cette liberté

devraient rendre son efficacité évidente à tous
les yeux : ne sait-on pas que les peuples les
plus industrieux, les plus riches, les plus puis-
sants, de nos jours, sont précisément ceux
parmi lesquels l'action individuelle a obtenu
le plus de liberté, et que leur prospérité s'est
accrue précisément en raison des progrès de
l'affranchissement successif de cette action?
Cela n'est-il pas manifeste pour l'Angleterre,
la France et les Etats-Unis? N'est-il pas vrai
que depuis l'abolition des priviléges, des maî-
trises et jurandes, des douanes provinciales et
autres régimes arbitraires détruits par la Révolution de 1789, la France a plus progressé
qu'elle ne l'avait fait antérieurement pendant
des siècles, que ses richesses ont plus que
doublé depuis cette époque, que sa population s'est accrue d'un tiers et que, malgré cet
accroissement, tous les besoins ont été mieux
satisfaits qu'ils ne l'avaient jamais été, ce qui
est mathématiquement prouvé par l'augmentation considérable survenue dans la durée
moyenne de la vie humaine? La puissance de
la liberté est telle qu'elle fait prospérer les
populations, même dans les pays qui offrent
le moins de ressources naturelles; tandis que
l'arbitraire et les régimes réglementaires les
retiennent dans la misère et l'abjection, même
dans les contrées les plus fertiles et les plus

heureusement situées. La Suisse et l'Egypte n'offrent-elles pas d'éclatants exemples de cette vérité?

Mais comment une industrie morcelée, livrée aux prétendus hasards de la liberté et privée d'une direction commune, peut-elle assurer de semblables résultats? Elle les assure par les conditions que nous avons indiquées, et particulièrement, par l'action d'une loi naturelle, simple et infaillible comme tout ce qui vient immédiatement de Dieu : LA CONCURRENCE. Nous sollicitons pour ce qui va suivre un peu d'attention.

Les principales données du problème de l'organisation arbitraire du travail ne sont-elles pas celles-ci .

1° Faire en sorte que toutes les aptitudes individuelles, variées à l'infini, concourent à produire la plus grande somme d'utilités possible.

2° Attribuer à chacun une part des produits créés, ou de leur valeur, proportionnée à l'importance des services qu'il aura rendus à tous les autres, et faire juger et fixer le degré d'importance ou de valeur de chaque service par tous les intéressés.

3° Maintenir, dans chaque genre de travaux, une quantité de services productifs et une activité proportionnées, aussi exactement que possible, à l'étendue *variable* des besoins auxquels ce genre de travaux correspond.

Nous pensons que les socialistes, et tous les hommes possédés de la manie réglementaire, conviendront qu'un système d'organisation qui garantirait l'accomplissement de ces conditions, atteindrait le but qu'ils se proposent. Eh bien ! la garantie des propriétés légitimes, la liberté des travaux et des transactions, et la concurrence, donnent la solution complète du problème.

Nous avons vu que la garantie de la jouissance et de la libre disposition des produits du travail, en d'autres termes, de la propriété, est le seul stimulant qui puisse nous déterminer à faire un usage actif de la faculté que nous avons de modifier la matière en vue de nos besoins, et à conserver ce que nous avons obtenu par l'emploi de cette faculté. D'un autre côté, il est bien évident que la liberté du choix des opérations auxquelles nous pouvons nous livrer est la condition la plus propre à nous faire tirer le meilleur parti possible de la diversité de nos aptitudes.

Ces deux conditions répondent donc aussi bien que possible à la première donnée du problème.

La seconde est également bien résolue pa la liberté des transactions et par la concurrence; n'est-il pas évident que lorsque cette liberté est complète, le prix, la valeur que nous obtenons en échange des services productifs dont chacun de nous dispose, ou des produits que nous avons tirés de ces services, équivaut exactement à l'arbitrage qui serait fait par tous de la récompense qui nous est due pour notre coopération? Payer une chose tel prix, quand on n'y est pas forcé, équivaut bien à juger qu'elle vaut ce prix; si le prix était plus élevé qu'il n'est nécessaire, la concurrence ne tarderait pas à l'abaisser; s'il n'était pas suffisant, la réduction de l'offre viendrait bientôt le relever. La liberté des transactions est la meilleure garantie d'une bonne appréciation de la valeur des œuvres de chacun; elle n'attribue pas cette appréciation à quelques individus, dont les lumières ou l'équité pourraient faillir; elle la fait résulter d'un libre accord entre tous ceux qui créent et échangent des produits ou des services, puisque le prix, la récompense que chacun d'eux obtient, n'est qu'une conséquence de cet accord.

Pour faire comprendre comment la concurrence et la libre fixation du prix des services productifs offrent encore la solution de la troisième donnée du problème que nous avons posé, il suffira de rappeler que les services les plus demandés et les moins offerts sont ceux qui obtiennent le plus haut prix, et que ceux

qui sont le plus offerts et le moins demandés
sont le moins rétribués. Il résulte de cette
loi, qui domine toutes les transactions, que
lorsqu'une classe de besoins s'étend, ou se
resserre, la demande et la création des produits qui y correspondent suivent les mêmes
mouvements; dans le premier cas le prix des
produits s'élève jusqu'à ce que la concurrence, en s'y portant, ait rétabli l'équilibre
entre l'offre et la demande; dans le second
cas, le prix baisse, et par là les producteurs
sont avertis qu'ils sont trop nombreux, leur intérêt les oblige à éviter de former de nouveaux
sujets pour les mêmes travaux, à ne pas y
destiner leurs enfants, ou à chercher pour eux-
mêmes d'autres emplois mieux rétribués. Les
prix des travaux, en s'élevant ou en s'abais-
sant selon la loi que nous venons d'assigner,
doivent donc nécessairement amener, dans
chaque branche de production, beaucoup plus
sûrement que ne pourrait le faire aucun régime
arbitraire, une quantité de services productifs en rapport avec l'étendue de chaque classe
de besoins.

On peut hardiment porter le défi d'imagi-
ner une organisation arbitraire offrant des
moyens aussi sûrs que ceux fournis par la
liberté pour remplir les trois conditions for-
mant les données principales du problème à

résoudre par l'organisation du travail. Il n'y a donc pas lieu d'être surpris que les peuples qui ont fait l'application la plus large du régime de la liberté soient plus avancés que les autres.

Cependant la liberté industrielle ne saurait nous préserver de tous les maux, ni nous dispenser de toute prudence, de toute prévoyance : si depuis soixante ans elle a permis à la population française de s'accroître d'un tiers, en pourvoyant néanmoins aux besoins de toutes les classes, et particulièrement des classes les moins fortunées, beaucoup plus largement que par le passé, il lui serait difficile de faire beaucoup plus, et, par exemple, de faire vivre tous les ouvriers comme on paraît le leur avoir fait espérer, c'est-à-dire, comme vivent les familles riches ; il lui serait difficile même de continuer pendant longtemps à assurer la satisfaction de tous les besoins urgents, si, sans acquisitions de nouveaux territoires à cultiver, la population continuait à se multiplier aussi rapidement, aussi inconsidérément qu'elle l'a fait depuis trente ans. Mais quel régime pourrait faire vivre dans l'aisance, sur un territoire circonscrit, une population surabondante ?

Avec une liberté complète, la concurrence est la garantie essentielle de l'équitable distribution des produits ; mais elle ne permet pas de réussir sans peine et sans mérite; elle restreint les bénéfices des entrepreneurs; elle fait à ceux qui veulent améliorer leur position et éviter leur ruine, une obligation impérieuse d'un travail longtemps soutenu, de la pré voyance, de l'économie, de l'ordre, de l'in telligence et des soins incessants à apporter dans tous les détails de leur entreprise : mais ce sont là évidemment des efforts et des ha bitudes qui ne peuvent que tourner à l'avantage général; il y a donc lieu d'approuver hautement le régime qui les développe et les maintient

Nous pensons que les observations qui précèdent suffiront pour mettre au jour toute la sottise des déclamations qu'il est de mode aujourd'hui de diriger contre la liberté et la concurrence.

Au nombre des conditions essentielles au bien-être des sociétés, nous avions encore indiqué l'égalité des droits et la simplicité, l'économie des institutions gouvernementales, administratives et judiciaires. La première de ces conditions n'a plus besoin d'être discutée en France ; mais il est loin d'en être ainsi de la seconde.

On pouvait espérer que l'avénement de la République nous procurerait un gouvernement simple et économique, ne s'occupant que des objets de son ressort, c'est-à-dire, du main-

tien de l'indépendance nationale, de la sécurité intérieure, de l'administration de la justice, et de quelques services qu'il convient de
laisser dans ses attributions, tels que la fabri-
cation des monnaies, le transport des let-
tres, etc. C'est là à peu près tout ce qui
compose la tâche du gouvernement sous lequel prospère, depuis soixante-dix ans, l'Union
américaine, et il n'est pas d'organisation po-
litique qui remplisse aussi bien son véritable
objet et qui soit moins coûteuse. Mais, en
France, nos vues sont toutes différentes; la
préoccupation principale des huit ou dix régimes variés par lesquels nous avons passé
depuis soixante ans, paraît avoir été de fournir
de l'emploi, aux dépens de la nation, au plus
grand nombre d'hommes possible. Pour cela,
il a fallu étendre les attributions gouvernementales ou administratives à peu près à toutes
choses; il a fallu couvrir le pays de fonction-
naires de toute espèce, apportant partout leur
intervention inintelligente et tracassière, restreignant, étranglant l'action individuelle, au
point que nous avons fini par perdre l'habi-
tude de marcher par nous-mêmes, et que
nous ne saurions rien faire sans l'appui de ce
géant aux millions de bras qu'on nomme l'administration.

On sait quel usage ont fait jusqu'ici nos

gouvernements de leurs gigantesques attributions. Avec les meilleures intentions du monde,
ils n'en auraient rien fait de bon, car le vieux
proverbe : *qui trop embrasse mal étreint*, est
surtout applicable aux fonctions gouvernementales ; les bonnes intentions sont impuis-
santes contre les vices des institutions, et il
était impossible qu'avec un pouvoir étendu à
une telle immensité d'objets, l'intrigue, la faveur, la corruption, le désordre et le gaspillage
ne s'introduisissent pas dans toutes les branches de cette monstrueuse administration.

Que serait-ce donc, bon Dieu! si l'on allait
ajouter à ces attributions la mission de diriger l'industrie, d'organiser artificiellement les
travaux, et de déterminer les conditions de
leur accomplissement ! L'autorité publique
nous a donné assez d'échantillons de ce qu'elle
sait faire en ce genre pour que l'on puisse pré-
dire avec certitude, que si la direction générale des travaux lui est confiée, nous ne tar-
derons pas à manquer de pain, de vêtements
et d'abris.

C'est là, cependant, ce que veulent faire
M. Louis Blanc et ses adhérents. Ils veulent
donner la direction de chaque branche d'industrie à un ingénieur nommé par l'Etat, et
placer dans les mains d'un Conseil suprême

les rênes de toutes les industries; l'Etat, ou ses délégués, auraient donc la direction générale de tous les travaux. M. Louis Blanc, en proposant l'égalité des salaires pour toutes les fonctions, n'a pas dit si les ingénieurs de l'Etat et les membres du Conseil suprême ne recevraient qu'un salaire égal à celui des ouvriers ; mais cela est probable, le point d'honneur suffisant à tout. Ainsi, le mobile qui a développé jusqu'ici les forces productives et le bien-être des individus et des sociétés, mobile qui n'est autre que l'intérêt, où le désir d'améliorer sa position et celle de sa famille, serait anéanti ; l'honneur, la considération, le dévouement le remplaceraient complétement ; par la seule vertu de la formule trouvée par M. Louis Blanc, pour qu'il n'y eût plus ni paresseux, ni incapable, ni intempérance, ni imprévoyance, il suffirait de placer dans les ateliers des inscriptions dans le genre de celle-ci : *Dans une association de frères qui travaillent, tout paresseux est un voleur.* Mais si les inscriptions ont une telle puissance, M Louis Blanc ne manquera pas, sans doute, d'en trouver une pour supprimer les voleurs eux-mêmes. La rétribution matérielle de toutes les activités serait donc égale pour tous, pour les supériorités naturelles ou acquises à grands frais, comme pour les facultés les plus obtuses et les plus incultes; les différences de capacité et de mérite seraient soldées en *honneur* et en *considération;* de plus, toutes les industries seraient solidaires, tous les résultats en *déficit* et en bénéfice seraient cumulés, et le reliquat, s'il en restait, serait partagé également entre ceux qui auraient produit les *pertes* et ceux qui auraient produit les *bénéfices.* On prétend, par de semblables moyens, améliorer la position des classes pauvres, des ouvriers; ce ne sera pas, à coup sûr, par l'augmentation de la production, car un pareil système serait de nature, quoi qu'on en dise, à ruiner toute émulation, à éteindre successivement toute habileté, toute capacité, et à détériorer de plus en plus les forces productives; l'égalité dans la distribution des produits compenserait-elle, au moins, pour les ouvriers, la réduction inévitable de la production générale? Cela ne saurait être admis; ne sait-on pas que l'évaluation la plus élevée que l'on ait jamais faite du revenu brut de toutes les propriétés et de toutes les industries de la France ne dépasse pas dix milliards de francs; que cette somme, partagée également entre 35 millions d'individus, ne donne que 284 fr. pour chacun; que ce quotient est de beaucoup inférieur à ce que reçoivent aujourd'hui en moyenne les ouvriers des villes et des manufactures, les seuls qui se plaignent ; qu'en conséquence, le partage absolument égal du revenu total, en supposant que la production restât aussi active qu'elle l'est aujourd'hui, loin d'améliorer la condition des ouvriers, l'aggraverait au contraire ?

Nous nous dispenserons de relever les autres absurdités dont fourmille le plan de M. Blanc. Nous avons assez longuement développé les conditions réelles, sanctionnées par l'expérience, du bien-être des sociétés, pour qu'il soit facile de reconnaître tous les points par où le plan dont il s'agit s'écarte de ces conditions et tous ceux où il blesse le sens commun.

Si de pareilles extravagances ne s'adressaient qu'à des hommes quelque peu éclairés, le ridicule seul pourrait en faire justice ; mais elles s'adressent à des masses trop généralement privées d'instruction et de lumières pour reconnaître, au premier abord, qu'on les berce de véritables chimères et qu'on les pousse vers une déception inévitable.

Ce n'est pas à dire, toutefois, qu'il n'y ait rien à faire en faveur des ouvriers ; mais c'est, surtout, dans la réforme des institutions gouvernementales et administratives que l'on pourra trouver des moyens réels d'améliorer leur sort. La plus forte part des impôts de consommation pèse sur eux : il faudra s'efforcer de les en affranchir, en très-grande partie, en les reportant sur les consommations à l'usage des classes riches ou aisées; le système protecteur ou prohibitif leur impose des charges plus considérables encore, sur les principales denrées alimentaires, sur le vêtement, le chauffage, l'outillage, etc.; de larges réformes, dans le sens de la liberté du commerce, pourront leur procurer, sous ce rapport, un soulagement important, en même temps qu'elles rendront les crises commerciales moins fréquentes, les chômages moins meurtriers, par une meilleure combinaison de l'industrie nationale avec les avantages spéciaux et naturels du pays; en même temps encore que l'abaissement des taxes douanières qui, par leur exagération, empêchent l'importation, pourra procurer à l'Etat des ressources assez importantes pour permettre la suppression des impôts les plus mal établis. La répression sévère de l'agiotage, du jeu qui subsiste toujours sous diverses formes, des spéculations spoliatrices, des concentrations ou accaparements de travaux, qui ont pour but d'empêcher la concurrence des petits établissements, aurait, pour les ouvriers, les plus heureux effets, en faisant refluer vers l'industrie utile des masses de capitaux stérilement employées aujourd'hui, en dirigeant vers la production effective l'intelligence et l'activité de ces spéculateurs qui ne songent maintenant qu'à déplacer à leur profit les richesses produites par d'autres, en permettant aux petits établissements d'entrer dans l'arène de la concurrence, et en offrant ainsi aux ouvriers les plus capables des moyens plus faciles de sortir de la condition des salariés.

Telles sont, en partie, les réformes praticables que les ouvriers peuvent raisonnablement demander et espérer ; en restreignant leurs prétentions dans les limites de ce qui est juste et possible, ils obtiendront de notables améliorations dans leur position. S'ils allaient au delà ; s'ils suivaient M. Louis Blanc et ses adhérents dans leurs funestes utopies, ils compromettraient tout et aggraveraient infailliblement leur propre sort.

Si ceux qui les conseillent autrement, dans le moment où nous sommes, ne sont pas leurs ennemis , ce sont des amis bien imprudents , et nous conjurons ces hommes, au nom du salut commun , de maîtriser l'orgueil qui les aveugle sur l'ineptie de leurs conceptions, et de ne plus chercher à en faire des applications qui, en portant au comble la perturbation générale, compromettraient infailliblement la cause de la République, en France et en Europe.

FIN.

9 782016 180136